黑熊學校

今天
上學了嗎？

圖/文 陳苑樺

作者簡介／陳芃樺

1979 年 7 月 10 日
國立高雄師範大學視覺設計研究所
現為台南市國小視覺藝術教師

曾任
幼兒園教師十二年
幼兒園園長兩年
國小視覺藝術教師第十年
2019 年「豬麗葉」繪本創作個展
2021 年「黑熊學校」第二次繪本創作個展

曾幫公益團體繪製石虎著色圖
指導高雄市政府 2021 年鼓山濱線祭活動漁旗彩繪
110 年中華民國斐陶斐榮譽學會榮譽會員
110 學年度「藝起來學學」小感動虎彩繪教師
111 學年度「藝起來學學」小感動兔彩繪教師

作者序

　　感謝您的欣賞與閱讀。

　　這是芃樺的第二本繪本創作，我的繪本內容都與台灣的環境生態相關，因為台灣是我們的家，藝術工作者必須有這個社會責任來告知、承擔、推廣、保育我們所生存的環境。

　　《黑熊學校》承襲了《豬麗葉》的繪本精神，以台灣環保生態為主軸，內容探討台灣瀕臨絕種生物們所面臨的困境，用瀕危動物的角度來思考環保與生活之間的關係。

　　素人畫家，沒有華麗絢麗的技巧，只想用樸實恬靜的態度來「話」故事。

　　願以此繪本獻給關心台灣生態環境的您們
　　讓我們一起為更美好的台灣而努力。

祝　閱讀愉快

陳芃樺

過了一個愉快的暑假之後，終於要開學了。

今天是森林裡黑熊學校的開學日，黑熊老師一大早就
來到學校，迫不及待要和同學們見面了。

但是時間一分一秒的過去，卻沒看到學生來上學。

黑熊老師左等右等，心裡有點兒著急，於是他決定親自到學生的家裡拜訪，看看到底發生什麼事了，怎麼學生們都沒有來呢？

於是黑熊老師騎著腳踏車從森林出發，沿著山坡慢慢往山下的方向走，希望能將學生一個個都找回來。

「咦？這裡不是鳳蝶飛飛的家嗎？
怎麼變成這個樣子了？」

黑熊老師看到大片大片的網子在飛飛的家門口，
急得大喊：「飛飛，你在家嗎？」

飛飛家傳來很微小的聲音說：「是黑熊老師嗎？我在這兒呢！」

原來飛飛被大片網子困住了，他的翅膀和觸角都被捕蟲網勾得牢牢的，無法移動也無法飛行。

黑熊老師見狀，急忙清除所有的網子，也幫忙解開飛飛身上勾住的捕蟲網，飛飛終於又能順利飛翔了。

飛飛說：「我有好多家人和好朋友都被網子纏住，之後就被人類帶走了。」說著說著就哭了起來。

黑熊老師說：「不要怕，我們來想辦法解決吧！」

於是黑熊老師在飛飛的家前面立了一個告示牌，上面寫道：「台灣寬尾鳳蝶是台灣特有的保育類蝴蝶，也是第一級瀕臨絕種的野生動物，請發揮您的愛心，讓他們快樂的在山林間自由自在飛翔，台灣寬尾鳳蝶感謝您。」

台灣寬尾鳳蝶是台灣特有的保育類蝴蝶，也是第一級瀕臨絕種的野生動物，請發揮您的愛心，讓他們快樂的在山林間自由自在飛翔。

台灣寬尾鳳蝶感謝您

接著，黑熊老師與飛飛一起前往石虎胖胖的家。

胖胖的家住在半山腰，因為胖胖家的風景太美麗了，
所以黑熊老師曾經帶同學們來這裡戶外教學呢！

但是現在來到這裡，感覺好像跟以前不一樣，怎麼美麗的山林不見了，倒是多了許多條馬路？

黑熊老師對著馬路大喊：「胖胖，你在家嗎？」

飛飛也大喊：「胖胖，你在家嗎？」

胖胖在馬路邊的涵洞裡發出微小的聲音說：「是黑熊老師嗎？我在這兒呢！」

原來胖胖的家已經變成好幾條馬路了，原本美麗的家在山坡上，現在已經不見了。

胖胖說：「我有好多家人和好朋友都被車子撞到，有些受傷了，有些就沒那麼幸運了。」說著說著就哭了起來。

黑熊老師趕緊牽著一直害怕發抖的胖胖說：
「不要怕，我們來想辦法解決吧！」

於是黑熊老師在胖胖的家前面立了一個告示牌，
上面寫道：
「石虎是台灣僅存的野生貓科動物，也是第一級瀕臨絕種的野生動物，他們非常需要被保護，請放慢您的車速，讓石虎安全過馬路回家，台灣石虎感謝您。」

石虎是台灣僅存的野生貓科動物，也是第一級瀕臨絕種的野生動物，他們非常需要被保護，請放慢您的車速，讓石虎安全過馬路回家。

台灣石虎感謝您

接下來，黑熊老師與飛飛、胖胖，一起來到草鴞豆豆的家。

豆豆住在非常靠近人類的草地裡，因為這裡有許多豆豆喜歡吃的食物。

正當他們快來到豆豆家時，突然一陣濃煙飄了過來，仔細一看，原來是草地被放火燒了起來。

黑熊老師看到豆豆家已經快被火燒到了，急忙大喊：「豆豆，你在家嗎？」

飛飛也大喊：「豆豆，你在家嗎？」

胖胖也大喊：「豆豆，你在家嗎？」

28

豆豆在草地旁搗著鼻子說：「是黑熊老師嗎？我在這兒呢！」

原來人類常常為了要整地耕種而放火燒了草地，豆豆說：「我有好多家人和好朋友的家都已經被燒掉了，我們常常無家可歸也沒有東西可以吃。」豆豆傷心的說著。

黑熊老師安慰豆豆說：
「不要怕，我們來想辦法解決吧！」

於是黑熊老師在豆豆的家前面立了一個告示牌，上面寫道：「草鴞是第一級瀕臨絕種的野生動物，是台灣數量最稀少的貓頭鷹，請維持他們的家，讓他們能夠繼續優雅的住在這裡，草鴞感謝您。」

草鴞是第一級瀕臨絕種的野生動物，是台灣數量最稀少的貓頭鷹，請維持他們的家，讓他們能夠繼續優雅的住在這裡。
草鴞感謝您

離開了草地之後，黑熊老師與飛飛、胖胖、豆豆，
一起前往白海豚洋洋的家。

白色的浪花波光粼粼，洋洋就是住在這無邊無際的
美麗大海裡。

當他們走到海邊時，正好看見一艘貨輪擱淺了，大量的重油與化學物質流入海裡，海水瞬間變成了黑色。

黑熊老師看到洋洋家已經被黑油汙染了，著急得大喊：「洋洋，你在家嗎？」

飛飛也大喊：「洋洋，你在家嗎？」

胖胖也大喊：「洋洋，你在家嗎？」

豆豆也大喊：「洋洋，你在家嗎？」

洋洋從海裡把頭冒出來說：「是黑熊老師嗎？我在這兒呢！」

只見洋洋頭上頂著一個塑膠桶，身體也被魚網纏住了，他哭著說：「我快要不能呼吸，也動不了啦！」

黑熊老師見狀，急忙將洋洋身上的漁網解開，也把洋洋頭上的塑膠桶拿下來，

洋洋終於恢復了自由。

洋洋說：「我有好多家人和好朋友每天吃著垃圾袋和塑膠吸管，我們都生病了，現在連水也不能喝了。」洋洋說著說著就大哭了起來。

黑熊老師安慰洋洋說：
「不要怕，我們來想辦法解決吧！」

40

於是黑熊老師在洋洋的家前面立了一個告示牌，上面寫道：「中華白海豚是第一級瀕臨絕種的野生動物，他們的生存環境遭受到嚴重的破壞，請大家不要再製造海洋的垃圾與汙染，讓他們快樂的生活在大海裡，中華白海豚感謝您。」

中華白海豚是第一級瀕臨絕種的野生動物，他們的生存環境遭受到嚴重的破壞，請大家不要再製造海洋的垃圾與汙染，讓他們快樂的生活在大海裡。

中華白海豚感謝您

經過了辛苦的跋山涉水，從山上走到海邊，黑熊老師終於把飛飛、胖胖、豆豆和洋洋都找到了，這時候大家也都累了，於是黑熊老師與同學們一起坐在海邊休息看海。

此時胖胖突然轉頭問：「黑熊老師，你有家人嗎？」

「有啊！我有家人，只是我已經很久沒有看過他們了。」黑熊老師低著頭說。

「我們住的山上，也是人類很喜歡來的地方，人類開墾了我們的山，把我們的家變成了許多房子和馬路，我們沒辦法，只好逃到更裡面的山去生活，那裡沒有好吃的食物，而且我的很多家人和好朋友更常常被人類抓走……。」

46

此時胖胖突然大喊：「那我們也來幫黑熊老師在他的家前面立一個告示牌，上面要寫——台灣黑熊是台灣特有的亞洲黑熊亞種，是第一級瀕臨絕種的野生動物，請讓他們安心地生活在森林裡，繼續當守護山林的勇士，台灣黑熊感謝您。」

台灣黑熊是台灣特有的亞洲黑熊亞種，是第一級瀕臨絕種的野生動物，請讓他們安心地生活在森林裡，繼續當守護山林的勇士。

台灣黑熊感謝您

大家聽完胖胖說的話之後都開心的笑了起來。

50

在休息了一會兒之後，黑熊老師騎著腳踏車載大家回去黑熊學校上課。

回黑熊學校的路上湖光山色，春和景明，鳥語花香。

「我們一定要用我們的行動來感動世界」，
黑熊老師說。

飛飛，胖胖，豆豆，洋洋接著說：「並且讓大家看到大地最美好的樣子。」

感謝

國立高雄師範大學視覺設計研究所　洪明宏教授

我的父母與家人
我的先生　則勳
大女兒　千珈
小女兒　綰安

54

國家圖書館出版品預行編目資料

黑熊學校／陳芃樺 圖・文 --初版.--臺中市：白
象文化事業有限公司，2021.7
　　面；　公分.——（iDraw；14）
ISBN 978-986-5488-44-4（精裝）
1.自然保育 2.環境保護 3.臺灣
367　　　　　　　　　　　　　110006674

iDraw（14）
黑熊學校

圖　　文　陳芃樺
校　　對　陳芃樺
專案主編　陳逸儒
出版編印　林榮威、陳逸儒、黃麗穎
設計創意　張禮南、何佳諠
經銷推廣　李莉吟、莊博亞、劉育姍
經紀企劃　張輝潭、徐錦淳、洪怡欣、黃姿虹
營運管理　林金郎、曾千熏
發 行 人　張輝潭
出版發行　白象文化事業有限公司
　　　　　412台中市大里區科技路1號8樓之2（台中軟體園區）
　　　　　出版專線：（04）2496-5995　　傳真：（04）2496-9901
　　　　　401台中市東區和平街228巷44號（經銷部）
　　　　　購書專線：（04）2220-8589　　傳真：（04）2220-8505
印　　刷　基盛印刷工場
初版一刷　2021年7月
初版二刷　2022年10月
定　　價　320元